SÉANCE

DU VENDREDI 17 MAI 1895

L'AGRICULTURE

ET

LE SOCIALISME

PAR

M. Daniel ZOLLA

EXTRAIT DE *LA RÉFORME SOCIALE*

12° MILLE

AU SIÈGE DU COMITÉ

54, RUE DE SEINE, 54

—

PARIS

N° 9

PUBLICATIONS DU COMITÉ

1. — Conférences (broch. in-18 à 0 fr. 05).

(V. la suite p. 39.)

PUBLICATIONS DU COMITÉ

(Suite.)

1. — Conférences (broch. in-18 à 0 fr. 08).

(V. ci-dessus p. 2.)

N° 24. Une alliance contre l'esprit sectaire, par M. Ch. Wagner.

N° 25. La criminalité de la jeunesse, par M. Henri Joly.

N° 27. Les lois de la démocratie, par M. Gabriel Alix.

2. — Brochures in-18 à 0 fr. 25 (couronnées dans le Concours de 1895-96).

A. La propriété est-elle légitime? par M. André Vovard.

B. Les adversaires de la propriété, par M. de Saint-Genis, ancien conservateur des hypothèques.

C. Le principe de la propriété, par M. le pasteur Maurice Constançon.

----

3. — Tracts à 1 fr. 50 le cent assortis.

1. La propriété.
2. Histoire d'une casquette.
3. La nationalisation du sol.
4. Le plus coûteux des gouvernements.
5. Mes griefs contre le socialisme, par M. Eug. d'Eichthal.
6. Le budget de l'Etat collectiviste, par M. Maurice Block, de l'Institut.
7. Socialistes : pourquoi pas? par M. Pajot.
8. La patrie française et l'internationalisme, par M. Anatole Leroy-Beaulieu, de l'Institut.
9. Les citations de M. Jaurès et la véracité des socialistes, par M. Paul Leroy-Beaulieu, de l'Institut.
10. Collectivisme agraire et nationalisation, par le même.
11. A l'école de la coopération et à l'école du socialisme, par M. Eug. Rostand.
12. Les responsabilités de la presse, par M. Anatole Leroy-Beaulieu, de l'Institut.
13. Criminalité et socialisme, par M. Eugène Rostand.
14. Le Salariat et le salaire, par M. Levasseur, de l'Institut.

COMITÉ DE DÉFENSE ET DE PROGRÈS SOCIAL

Patrie, Devoir, Liberté.

BULLETIN DE SOUSCRIPTION

Le Comité, sans demander aujourd'hui de cotisation régulière, recevra avec reconnaissance les souscriptions de Vingt francs et au-dessus, afin de couvrir les frais d'organisation et de publication des conférences, tant à Paris qu'en province.

Je soussigné (nom et adresse lisibles) _____________

____

____

mets à la disposition du Comité la somme de _________

____

jointe au présent bulletin en mandat, bon ou chèque; **ou bien :** *que le Trésorier pourra faire toucher à mon domicile, à partir du* _________

____

(Date et Signature)

Adresser les **Bulletins de Souscription** à M. Delaire, Secrétaire-Trésorier du Comité, *rue de Seine, 54, à Paris.*

Paris. — Imprimerie F. Levé, rue Cassette, 17.

ALLOCUTION DE M. ANATOLE LEROY-BEAULIEU

PRÉSIDENT

M. LE PRÉSIDENT. — Messieurs, si nous sommes restés si longtemps sans essayer de vous réunir, c'est que nous nous rendions compte que la saison était peu favorable à notre entreprise. Un grand nombre d'entre vous sont absorbés en ce moment-ci par la laborieuse préparation des examens : vous n'avez plus assez de loisirs pour assister à des séances du genre de celles que nous avons tâché d'acclimater parmi vous. Je crois, Messieurs, que vous trouverez l'excuse suffisante. Nous n'avons pas voulu cependant laisser venir les grandes vacances sans tenter de vous rassembler encore une fois, non pas, Messieurs, pour vous dire adieu, mais vous me permettrez ce mot, pour vous dire au revoir. (*Applaudissements.*) Nous comptons retrouver le plus grand nombre d'entre vous l'année prochaine, l'automne prochain. (*Tous! tous!*)

Nous espérons, Messieurs, vous faire assister à des réunions, à des conférences aussi intéressantes que celles de cette année. (*Oh! oh! — Applaudissements.*) Déjà, nous nous sommes assuré le concours de plusieurs hommes distingués de France et de l'étranger.

Vous allez bientôt, Messieurs, vous disperser; vous allez retourner dans vos foyers, comme l'on dit vulgairement, retourner dans votre pays, retourner dans votre famille. (*Un assistant : Les socialistes n'en ont pas! — Bruit.*) J'espère que vous emporterez là quelque souvenir des conseils et des leçons que nous avons pris la liberté de vous donner. Il y a une chose, Messieurs, que je me permettrai de vous engager à faire : c'est de regarder autour de vous, de vous intéresser aux questions sociales sur place. Il faut chercher à faire des études sociales pratiques. Vous allez, par exemple, dans une petite ville, vous allez à la campagne; eh bien, étudiez la situation sociale des habitants de la petite ville ; étudiez la situation sociale des habitants de la campagne. La campagne, Messieurs, forme encore, vous ne l'ignorez pas, la moitié, la plus grande moitié au point de vue du nombre de la population française. Cela seul mériterait qu'on lui accordât une place importante dans l'étude des questions sociales. D'habitude, on semble croire qu'il n'y a, en France, en Europe, que les ouvriers des villes. C'est là, Messieurs, une grande erreur et j'ajouterai une grande injustice. Il n'y a aucune raison de dédaigner le paysan pour l'ouvrier. Etudiez le paysan ; n'en déplaise à certains romanciers, c'est peut-être encore ce qu'il y a de plus sain, et ce qu'il y a de plus droit, comme ce qu'il y a de plus robuste dans la nation française. (*Applaudissements.*)

C'est parce que, Messieurs, nous sommes convaincus de l'importance de cette question rurale, de cette question sociale villageoise que nous avons décidé de vous faire entendre, comme dernière conférence cette année, un orateur qui a une connaissance particulière des problèmes agricoles et de la vie rurale. Pour moi, Messieurs, je me permettrai une ou deux réflexions comme une sorte d'introduction à la conférence de mon voisin. Je me suis beaucoup occupé, pour ma part, toute ma vie, des questions agraires rurales, et il y a une chose qui m'a toujours frappé : c'est que, en France, par un heureux privilège, il n'y a pas de question agraire, ou, s'il y en a une aujourd'hui, c'est une nouveauté et je puis ajouter, c'est une importation étrangère. Il y a des pays (vous en connaissez et, pour ma part, je les ai presque tous étudiés sur place) il y a des pays comme la Russie, comme la Pologne, comme l'Irlande, comme certaines régions de l'Italie, de l'Espagne, de l'Allemagne même, où il y a une question sociale agraire en quelque sorte spontanée. Tel n'est pas le cas en France, Messieurs, vous le savez. S'il y a, chez nous, aujourd'hui, une question agraire, si l'on commence à entendre parler de socialisme rural, ce n'est pas un produit naturel du sol français. Non, j'oserai dire du socialisme agraire que c'est une sorte de microbe, un bacille étranger que les collectivistes s'efforcent d'inoculer à la nation française. (*Oh! oh ! — Bruit.*)

Heureusement pour la France, le paysan semble, dans la plus grande partie du territoire, réfractaire à cette maladie du socialisme. (*Un assistant : Pas tant que cela!*) C'est ce que nous verrons, Messieurs; en tout cas, nous ne sommes pas de ceux, vous le savez, qui assisteront aux progrès du mal sans nous efforcer de le combattre.

La société rurale est, jusqu'ici au moins, vous me l'accorderez, un médiocre, un mauvais bouillon de culture pour le virus collectiviste. (*Applaudissements. — Bruit. — Un assistant : Ce sont des mots!*) Si ce sont des mots, ce sont des mots qui expriment une idée et qui ne sauraient blesser personne ici. Je vous considère tous, vous le savez, comme des amis; j'ai déjà eu l'occasion de vous le dire, et je vous remercie de nouveau de l'attention que vous voulez bien me prêter. (*Applaudissements.*)

La preuve que le paysan des campagnes françaises est beaucoup moins accessible aux théories socialistes et au prosélytisme collectiviste que l'ouvrier des villes, ce sont les précautions que les socialistes prennent pour aborder les campagnes. (*Un assistant :... que vous prenez!*)

Car enfin, Messieurs, les socialistes se rendent si bien compte de la difficulté de faire pénétrer leur thèse dans la dure cervelle du paysan; les socialistes sentent eux-mêmes si bien à quel point il leur est malaisé de faire agréer leurs théories par le paysan français que, pour le gagner à leur cause, ils lui dissimulent la plus grande partie de leur programme. Ils se déguisent et, si vous me permettez une expression vulgaire, ils prennent un masque, ils mettent un faux nez. (*Applaudissements. — Un assistant : Comment est-il, le masque? — Un autre : Il est laid ! — Bruit.*)

Je comprends, Messieurs, qu'avec votre jeune loyauté, vous vous révoltiez contre de pareils procédés (*Rires*), mais enfin c'est malheureusement un fait. Tous ceux d'entre vous (et je suppose que c'est le devoir de tout bon socialiste) tous ceux d'entre vous qui tiennent à être au courant des décisions des congrès collectivistes, tous ceux-là doivent savoir que, pour séduire ou, si vous aimez mieux, pour conquérir le paysan, les meneurs du socialisme ont adopté une tactique qui n'est pas d'une entière sincérité (*Oh! oh! — Non!*), car enfin, Messieurs, que sont les socialistes? (*Un assistant : Qu'est-ce que vous avez dit au Congrès l'autre jour?*) Que sont les socialistes ? (*Bruit*).. Messieurs, si vous voulez bien m'écouter, vous verrez que nous serons tous d'accord. Je ne parle que d'une question de fait. Que sont les socialistes, Messieurs? Qu'est-ce qu'ils se font honneur d'être ? Ils prétendent, n'est-il pas vrai, être les réformateurs de la société? et de quelle manière veulent-ils réformer la société? Ils veulent la réformer, tout simplement, en supprimant le mode de propriété actuel, en supprimant partout la propriété personnelle. (*Applaudissements sur tous les bancs.*)

(*Se tournant vers les socialistes.*) Je suis heureux, Messieurs, de vous entendre, vous aussi, applaudir cette définition du socialisme. (*Rires et applaudissements.*) Vous confirmez ainsi vous-mêmes ma thèse.

Que font en effet les chefs du socialisme, les apôtres du collectivisme, quand ils vont dans les campagnes ? Et quelle est, encore une fois, la tactique adoptée publiquement par le parti dans ses Congrès? Au lieu de se présenter au peuple des campagnes pour ce qu'ils sont, pour ce qu'ils se vantent d'être dans les villes, c'est-à-dire pour les adversaires de la propriété personnelle, les socialistes se présentent dans les campagnes comme les défenseurs de la propriété villageoise, les champions de la petite propriété. (*Un assistant : Elle n'existe plus, c'est une mythe! — Hilarité générale. — Un assistant : A la porte, les mites ! — Rires.*)

Ainsi, Messieurs, nous sommes en face d'un parti qui, pour exercer une progagande sur la moitié de la population française, met son programme dans sa poche... (*Applaudissements. — Un assistant : Le drapeau rouge! — Bruit.*)

Voilà le fait, Messieurs. Vous avez le droit de blâmer cette attitude et cette duplicité. Encore une fois, vous avez le droit de vous scandaliser d'un pareil procédé; et si vous ne voulez pas en être complices je vous engage à faire monter vos désaveux jusqu'aux chefs du parti. (*Applaudissements.*)

Le socialisme, chez nous, se présente ainsi comme une sorte de Janus à deux faces : une face pour l'ouvrier des villes et une face pour le paysan. (*Applaudissements.*)

Les chefs du collectivisme spéculent sur la naïveté, sur la simplicité villageoise. Messieurs, je crois qu'ils se trompent. Le paysan est trop avisé pour être leur dupe. Notre devoir, en tout cas, est de le mettre sur ses gardes. (*Très bien ! très bien !*)

Nous allons, Messieurs, aujourd'hui traiter seulement un côté de la question rurale, de la question sociale agraire ; nous allons traiter principalement du côté agricole. On va examiner devant vous tout à l'heure, ce qui est de première importance pour un peuple, si la production nationale, si l'agriculture gagnerait ou si l'agriculture perdrait à la suppression de la propriété privée. Pour vous exposer ce sujet, nous avons eu recours à un homme encore jeune, encore très jeune, — et je suppose, Messieurs, que pour vous, la jeunesse n'est pas un défaut (*Rires*)—, nous avons eu recours à un jeune maître qui s'est acquis une juste autorité par sa science précoce, par son esprit d'indépendance, par sa lucidité et par le sérieux et la science qu'il apporte dans l'examen de toutes ces complexes questions agricoles auxquelles il a voué sa laborieuse jeunesse.

Je donne la parole à M. Daniel Zolla. (*Applaudissements. — Un assistant : Vive Germinal ! — Rires.*)

CONFÉRENCE DE M. DANIEL ZOLLA

L'AGRICULTURE ET LE SOCIALISME

M. D. ZOLLA. — Messieurs, lorsque le Président du Comité m'a demandé mòn concours, je le lui ai promis immédiatement, parce que c'était un honneur pour moi de prendre la parole devant vous (*Ah !*) ; parce que c'était un devoir, en même temps, de venir défendre, ici comme partout ailleurs, des idées que je crois justes et bonnes. (*Applaudissements.*)

J'ai à vous parler, ce soir, de deux questions qu
sont intimement liées l'une à l'autre : du régime au
quel est soumise la propriété rurale dans notr
pays, et des modes d'exploitation du sol.

La terre cultivable est, en général, possédée par de
particuliers. Ce régime est-il mauvais parce qu'il viol
un droit naturel ou parce qu'il a des conséquences fu
nestes pour les intérêts du plus grand nombre ?

Notre terre de France est exploitée par des proprié
taires cultivateurs, par des métayers, par des fermier
Ces modes d'exploitation doivent-ils être condamné
parce qu'ils sont contraires aux intérêts généraux

Tels sont les problèmes que je voudrais étudie
avec vous, et vous remarquerez que je subordonn
expressément la valeur des systèmes actuels, no
pas aux intérêts d'une classe comme celle des pro
priétaires ou des entrepreneurs de culture, mais au
intérêts généraux, à ceux du plus grand nombr
(*Applaudissements.*)

J'aborde cette discussion sans passion, sans par
pris ; ce ne sont pas des conceptions abstraites qu
je viens défendre ; ce sont des faits que j'ai l'intentio
de vous rappeler ou de vous faire connaître, e
me réservant la faculté de tirer de leur étude l
conclusions qu'elle comporte. (*Applaudissements.*)

Le régime de la propriété privée du sol.

On croit généralement que le territoire agrico
de la France appartient tout entier à des particulier
C'est là une erreur ; et je vous montrerai tout
l'heure les dangers de cette confusion. En réalit
plus du dixième de la surface de notre pays, c'est-
dire plus de 5 millions d'hectares, sont restés ou so
devenus le patrimoine de ces collectivités qui s'a
pellent : l'État, le département, la commune ou l
établissements publics. La formation ou la conse

vation de ces patrimoines collectifs n'impliquent nullement une adhésion au système du collectivisme agraire. C'est la nature des cultures pratiquées, c'est, par exemple, la nécessité de veiller à la conservation de nos massifs boisés qui a justifié l'intervention de l'État. En respectant les propriétés des communes dans un but de prévoyance sociale et d'utilité publique, le législateur n'a nullement justifié la théorie abstraite de l'appropriation collective du sol.

Cette forme de la propriété appliquée à la terre cultivable ne doit-elle pas cependant être préférée ? Pour le soutenir on a fait le procès de la propriété privée, et dirigé contre elle un certain nombre de critiques que je vais examiner.

Le droit de propriété appliqué au sol est, dit-on, la source des inégalités sociales. Dépouillé fatalement du droit primitif qu'il possédait de cultiver une parcelle de la terre commune, le déshérité est devenu un prolétaire. Le droit absolu reconnu à quelques hommes sur le sol, et l'appropriation définitive du territoire cultivable font de tout enfant qui naît pauvre un être voué à la misère, à la dépendance ou à la mort.

Les hommes, d'ailleurs, ont-ils commencé par reconnaître ce droit absolu, personnel et héréditaire d'une personne sur une portion du sol ? En aucune façon. « Ce droit, écrit M. de Laveleye, est un fait très récent. Pendant bien longtemps, les hommes n'ont connu et pratiqué que la possession collective. Puisque l'organisation sociale a subi de si profondes modifications à travers les siècles, il ne doit pas être interdit de rechercher des arrangements sociaux plus parfaits que ceux que nous connaissons. Nous y sommes même obligés sous peine d'aboutir à une impasse où la civilisation périrait (1). »

(1) E. de Laveleye, *De la propriété et de ses formes primitives*, préface, p. XXI.

Que faut-il donc faire pour épargner à notre nation la destinée des démocraties antiques qu'a perdues la lutte inévitable des riches et des pauvres ? Il faut rendre à tout être venant en ce monde sa part inaliénable, la jouissance d'une partie du sol. Ce sont des spoliations et des violences qui ont dépouillé l'humanité de ce patrimoine ; la justice commande de le lui restituer. Possédée en commun, la terre sera allotie comme autrefois, et répartie entre les familles d'après le nombre de leurs membres et les besoins qui en résultent.

Je viens d'exposer, Messieurs, la thèse collectiviste, et j'ai fait tous mes efforts pour ne pas en dissimuler la force ou en diminuer la valeur. Voici, cependant, comment on peut répondre.

Si demain le patrimoine collectif de chaque commune rurale était constitué ou agrandi, quel usage en serait fait ? Verrait-on beaucoup de citadins quitter l'usine ou l'atelier, le magasin ou le bureau pour manier la bêche et saisir les mancherons de la charrue ? Il est permis d'en douter ; supposons cependant, que beaucoup veuillent revivre de la vie des champs et réclament une part de l'héritage collectif dans la commune où ils sont nés. Il ne suffit pas de posséder une terre ou d'en avoir la jouissance pour lui faire porter des récoltes. Où sont pour ces déshérités les instruments, le bétail, les semences que nul n'a pris soin de leur réserver ? Où se trouvent la grange et l'étable, la hutte ou la chaumière dont ils ont besoin ? Quelles avances leur permettront d'attendre la récolte ou de parer à son insuffisance ? (*Bruit.*)

M. LE PRÉSIDENT. — Je vous en prie, Messieurs, laissez parler l'orateur. Son discours s'enchaîne, vous voyez, d'une manière rigoureuse. Il apporte dans l'étude de la question une méthode, une bonne foi, une largeur d'esprit que vous ne pouvez pas nier. Veuillez écouter. (*Applaudissements.*)

M. ZOLLA. — La société généreuse envers ces déshérités leur donne à cultiver quelques hectares de terre. A-t-elle garanti du même coup leur indépendance, assuré leur bien-être ou remédié seulement à leur misère? Ayons le courage de ne pas nous laisser abuser par une illusion. L'homme a la jouissance gratuite d'une terre; cela est vrai; mais il ne possède rien de ce qui est indispensable pour l'exploiter. Le domaine du prolétaire est de 2, de 3, de 10 hectares peut-être; soit, j'y consens bien volontiers. Ce qu'il reçoit en réalité, c'est la jouissance gratuite d'un lot de terre qu'il ne pourra pas cultiver. Pour devenir réellement agriculteur, il lui faudrait disposer d'un capital dix fois supérieur à la valeur locative du sol nu auquel il a droit. Mais s'il possède ce capital qui l'empêche aujourd'hui même de devenir un entrepreneur de culture ? S'il ne le possède pas, qui devra donc le lui fournir? La société, répondent les socialistes! Et en effet, la logique veut qu'après avoir établi au profit de tous la propriété collective du sol, on fonde également, au profit de tous, la propriété collective des autres instruments de production. Le bétail et les semences, le chariot et la charrue, la grange et l'étable, la maison ou la chaumine ne sont pas moins utiles à l'homme que la terre. Il faut tout donner ou ne rien promettre.

La société ne peut tenir ses promesses qu'à la condition de procéder à une expropriation immédiate qu'aucun droit ne justifie. Si l'on peut dire, à tout hasard, que l'homme n'a pas *fait* la terre, il est impossible de prouver que ce n'est pas lui qui a élevé le bétail, produit les semences, fabriqué l'outillage mécanique rural, ou construit de ses mains les bâtiments d'exploitation. La propriété collective du sol a été reconnue et pratiquée autrefois, il y a quelques milliers d'années ; mais jamais on n'a songé à contester la légitimité de la propriété des objets particuliers, du bétail, des instruments de culture ou des bâtiments élevés pour abriter la famille. Il n'est pas de peuplade sauvage qui ne respecte ce droit; les collectivistes modernes ont-ils la prétention de le nier?

Ainsi, Messieurs, la nationalisation du sol ne peut être utile qu'à la condition d'être complétée par une mesure violente, l'appropriation collective des autres agents de la production agricole, et cette expropriation n'est qu'une confiscation brutale. Aucun droit ne la justifie. (*Bruit.*)

M. LE PRÉSIDENT. — Mais, Messieurs les socialistes, c'est votre thèse qu'on expose. Vous devriez l'écouter.

UN ASSISTANT. — Pas du tout !

M. LE PRÉSIDENT. — Alors vous ne la comprenez pas vous-mêmes.

UN AUTRE ASSISTANT. — C'est vous qui ne la comprenez pas !

UN AUTRE. — Ils ne disent que des bêtises ! (*Cris. Tapage.*)

M. LE PRÉSIDENT. — L'orateur ne reprendra la parole que lorsque vous ferez silence.

M. ZOLLA. — Nous n'avons, en effet, aucune illusion à garder sur le caractère de la nationalisation des moyens de production en ce qui touche l'agriculture. Le principe de l'indemnité ne pourrait être admis, puisqu'il s'agirait d'un capital représentant une valeur de plusieurs milliards. Impuissant à s'acquitter, l'État trouverait plus simple de ne pas contracter une dette, et il se bornerait à confisquer.

Quel usage feraient de ces capitaux les hommes auxquels ils seraient confiés? Il est permis de prévoir que beaucoup des nouveaux tenanciers de la société collectiviste n'auraient pas le talent nécessaire pour les faire fructifier.

La fortune ne se conserve que par l'exercice des facultés qui ont permis de l'acquérir.

En appelant à la direction d'une exploitation rurale ceux-là mêmes qui ne sont pas capables de remplir cette fonction, la société n'aura fait qu'organiser le gaspillage, et nulle surveillance effective ne saurait le prévenir ou le limiter, parce que nulle part le sentiment de l'intérêt personnel et de la responsabilité ne viendra stimuler les activités ou punir la nonchalance.

Il paraîtra plus simple à ceux que la ruine atteindra d'accuser les circonstances et de puiser à nouveau dans les caisses de l'État.

Comment répartira-t-on les terres entre ceux qui prétendent en avoir la jouissance gratuite? Donnera-t-on aux habitants de la Sologne l'étendue qui sera concédée aux prolétaires de l'Orléanais, de la Flandre ou de la Picardie? Tiendra-t-on compte de la fertilité du sol, des facilités de communication, du nombre des habitants, de la densité de la population dans chaque région ? Autant de problèmes insolubles parce que leur solution dépend des circonstances et change avec elles.

Telles terres réputées peu fertiles il y a cinquante ans, comme celles de la Bretagne, de la Vendée, ou du Limousin, ont été améliorées rapidement et leur valeur s'est accrue de 50 à 80 % depuis 1850 jusqu'à 1880, tandis que le prix du sol dans la Franche-Comté ou la Bourgogne n'augmentait que de 15 à 25 % !

Faudrait-il donc procéder, aujourd'hui, à une nouvelle répartition entre les Français pour maintenir l'égalité? Mais cette égalité même n'est qu'un rêve. Deux agriculteurs vivant côte à côte, pourvus des mêmes capitaux et exploitant les mêmes terres, obtiennent des produits et réalisent des profits différents ! Un moment effacée, l'inégalité apparaît de nouveau. Cela est inévitable, et j'ose dire que cela est juste ; cela est inévitable, parce que tous les hommes sont inégaux en force, en intelligence, en expérience, en savoir ; cela est juste, parce que l'imprévoyance et la paresse ne doivent pas recevoir la récompense réservée à la prévoyance et à l'activité !

D'ailleurs, Messieurs, avant de recourir à une révolution agraire et à une confiscation violente des capitaux nécessaires à la culture, il serait peut-être bon de se demander si le but que l'on poursuit, que nous poursuivons tous, l'amélioration du sort des « déshérités », n'a pas été atteint dans bien des cas par d'autres moyens. (*Ah ! ah !*)

Le rôle des propriétaires fonciers.

On a dit et l'on répète souvent sans hésiter que le droit de propriété reconnu à quelques milliers d'hommes réduit nécessairement à une situation précaire et misérable tous ceux qui sont privés de leur part du patrimoine foncier.

C'est là une erreur ; le droit du propriétaire ne constitue pas en sa faveur un privilège refusé à ceux qui n'en sont pas investis en naissant. Les possesseurs du sol ne constituent pas une caste fermée, et leur prétendu privilège est de ceux que tout le monde peut acquérir au prix de quelques efforts. Les prolétaires ruraux trouvent, au contraire, parmi les propriétaires du sol des auxiliaires et des prêteurs qui sont amenés par la nature des choses à faciliter la constitution ou le développement de leur fortune.

En réalité, Messieurs, le rôle des propriétaires est tout différent de celui qui leur est attribué. Ce rôle n'est pas celui de parasite. Le rôle de propriétaire est un rôle bienfaisant et un rôle utile. (*Un assis-*

tant : On s'en f... ! (*Bruit.*) — *Un autre : Eh bien, sortez, alors !*) C'est ce rôle particulier des propriétaires que l'on a volontiers laissé dans l'ombre, et qu'il convient de vous signaler.

La terre n'est qu'un des agents de la production agricole je viens de le dire et je le répète; lorsqu'il s'agit de cultiver et de devenir un entrepreneur, cet agent est même celui dont on peut s'assurer la jouissance le plus facilement et avec le moins de frais. Tous ceux qui ont acheté des terres à bas prix en Algérie ou en Tunisie le savent bien. L'hectare de terre vaut 10 francs aux environs de Sfax; dans les meilleures régions du nord de la Tunisie, son prix ne dépasse pas souvent 3 ou 400 francs; mais les défrichements, les plantations, la construction des bâtiments et des routes, triplent, quintuplent ou décuplent ces dépenses primitives. La terre, je le répète, est l'agent qu'on se procure le plus facilement et avec le moins de frais.

Quel est le prix de location d'un hectare de terre en France? Il varie, le plus souvent, de 30 à 100 fr., selon les situations et la fécondité du sol. Mais, pour mettre en valeur cette terre telle que les collectivistes voudraient la répartir entre les citoyens, il faut posséder une somme dix fois supérieure à la valeur locative du terrain. Le plus souvent nos paysans seraient incapables de fournir cette somme; c'est le propriétaire foncier qui la leur avance.

Dans les régions de notre pays où le sol est moins productif, où les salaires sont moins élevés, et où la condition matérielle des salariés reste encore précaire, l'homme qui ne possède pour toute fortune que son activité et son intelligence trouve à sa disposition, non pas seulement la terre, mais encore les capitaux qui sont indispensables pour la cultiver. Il ne s'agit pas ici d'un don qui n'engagerait ni la responsabilité ni l'avenir des donataires: il s'agit d'un prêt fait à ceux qui en sont réellement dignes, parce qu'ils se montrent capables d'en profiter. (*Applaudissements.*)

Ce sont les propriétaires eux-mêmes qui *choisissent*, en effet, un associé, lui fournissent tout ou presque tout ce qui est nécessaire à la culture, et partagent en nature les produits de l'exploitation. Ce contrat s'appelle métayage ou colonage partiaire.

Dans vingt et un de nos départements, ce mode d'exploitation est général. On compte, en France, 340,000 familles de cultivateurs sortis des rangs des salariés et devenus ainsi des chefs d'entreprise, de véritables industriels agricoles.

Demain, ces modestes tenanciers seront propriétaires à leur tour s'ils apportent, dans l'exercice de leur profession, les qualités dont dépend le succès. Abandonnés aux premiers venus, sans discernement, sans choix, les capitaux confiés à ces agriculteurs par les propriétaires auraient été gaspillés. Réservés, au contraire, à ceux qui peuvent et savent en faire usage, ces agents de production assurent l'existence de 12 ou 1,500,000 personnes composant la famille des métayers dont je vous parle. (*Applaudissements.*)

Entre le propriétaire et le métayer, on ne trouve point d'antagonisme d'intérêts irrémédiable; le lien qui existe entre eux les rapproche en même temps qu'il les unit toutes les fois que le propriétaire comprend ses devoirs en faisant valoir ses droits. A l'égard de ses auxiliaires, le métayer n'est pas davantage l'employeur impitoyable dont il est de mode de nous parler. Les domestiques ou les salariés qu'il emploie s'assoient à sa table et partagent ses repas; travaillant côte à côte, ils ne songent, ni les uns ni les autres, aux inégalités sociales et à la distance qui sépare l'entrepreneur du salarié. (*Applaudissements.*)

L'exemple des métayers vous prouve que le régime

de la propriété privée du sol n'est pas le moins du monde inconciliable avec l'amélioration progressive de la condition des salariés qui sont réellement des travailleurs, c'est-à-dire des hommes laborieux et actifs.

Vous venez de le voir, le métayage, par exemple, ce contrat si utile et si souple, unit d'une façon étroite le propriétaire au cultivateur et sert, par conséquent, à résoudre pacifiquement, depuis bien des siècles, le problème social de la culture du sol par l'homme qui est pauvre. (*Un assistant : C'est le propriétaire qui l'exploite ! — Un autre : Ils n'ont jamais vu que des paysans de Belleville, ces gens-là ! — Rires.*)

Quant aux conditions de ces prêts et de ces avances consentis par les propriétaires, soyez certains qu'elles sont très avantageuses aux tenanciers.

Le revenu de la terre elle-même ne s'élève pas à plus de 3 ou 4 % de la somme qu'elle représente. Quant au capital de culture, son taux de placement varie avec les profits de l'exploitation, puisque le propriétaire est un associé ; mais la part de ce dernier ne peut augmenter sans que celle du métayer ne s'élève en même temps.

Mais, direz-vous, le métayage est une exception ; partout où le sol est affermé à prix d'argent, moyennant une somme fixe indépendante des profits de la culture, le rôle du propriétaire est différent. Il ne consiste plus qu'à percevoir des fermages ; l'entrepreneur de culture doit disposer de toutes les ressources nécessaires à l'exercice de son industrie, et au-dessous de lui le manœuvre ou le domestique, privé de la jouissance gratuite du sol, n'est plus qu'un prolétaire voué à la misère et à la dépendance.

C'est encore une erreur. Dans la France entière, là où le métayage a disparu, vous trouvez encore le propriétaire jouant le rôle de prêteur (*Oh ! oh !*) et proportionnant avec soin l'étendue de ses avances ou

la surface de ses exploitations à la richesse dont dispose la classe des cultivateurs. Il met toujours, cela va de soi, la terre et les bâtiments à la disposition de l'agriculteur; mais, le plus souvent, à ce capital foncier s'ajoute une partie des capitaux d'exploitation, des fourrages, des pailles, des engrais, des animaux, des semences, des instruments.

Tout à l'heure, le propriétaire fournissait la totalité des capitaux d'exploitation et des avances. Ici, il n'en apporte plus que les 3/4 ou les 4/5. Mais toujours ces prêts sont proportionnés à la fortune de ceux qui peuvent cultiver le sol; toujours aussi, le propriétaire soucieux de ses intérêts distingue les hommes que leurs qualités ou leur habileté professionnelle désignent à son choix. Heureux de les rencontrer, il n'hésite pas à les élever de la condition où le hasard les a fait naître, pour les placer là où ils peuvent rendre des services. Nulle part, une barrière infranchissable ne sépare les différentes classes qu'il nous plaît de créer; le journalier devient fermier, et le fermier devient à son tour propriétaire. La vie n'est dure et la fortune aveugle que pour ceux dont la nonchalance refuse à la terre les soins qu'elle réclame.

Partout nous trouvons le propriétaire jouant le même rôle, ce rôle bienfaisant (*Oh ! oh !*), ce rôle de prêteur, ce rôle qui consiste à mettre, dans d'excellentes conditions, (je vais vous le rappeler), à la disposition des agriculteurs les capitaux qui leur sont indispensables. (*Bruit et interruptions.*)

Dans quelles conditions sont faits ces prêts par les propriétaires à ceux qui ne possèdent pas les capitaux indispensables pour cultiver le sol ?... dans d'excellentes conditions non pas pour le propriétaire, mais pour l'agriculteur qui ne possède pas ce qui lui est indispensable. Jamais un propriétaire ne retire de ses terres plus de 3, 4, 5 % au maximum du capital que ces terres représentent. (*Dénégations. Cris. Tapage.*)

Un assistant. — Je comprendrais que la contradiction vînt d'ouvriers en casquette, mais la moitié de ceux qui font du bruit, là-bas, sont des fils de propriétaires ! (*Parfaitement !*)

Un autre assistant. — Ce sont des fils de Youpins !

Un autre. — Ils n'ont pas l'âge de raison !

Un autre. — Je suis certain qu'ils ont assez dans leur poche pour faire des folies au café !

M. le Président. — Messieurs, je vous prie de ne pas engager de conversations particulières. (*Très bien !*) Lorsque vous sortirez d'ici, vous pourrez donner cours à toutes vos réflexions et à tout votre esprit, mais, malheureusement, quelque spirituels que soient les mots que vous vous renvoyez les uns aux autres, la plus grande partie de l'assemblée ne les entend pas. Nous ne vous contestons pas le droit de manifester votre approbation ou votre désapprobation : là-dessus, nous sommes très libéraux, vous le savez (*Oh ! oh !*); mais il y a, Messieurs, une chose que nous avons le droit d'exiger de vous, d'exiger de jeunes gens des écoles, de jeunes gens de l'Université qui devez donner l'exemple : c'est d'être sérieux quand on parle d'un sujet sérieux. (*Applaudissements. — Sifflets. — Bruit. — Vive la sociale !*)

M. Zolla. — Je vous le disais, Messieurs, ce n'est pas au profit même des propriétaires que de pareils contrats sont établis : c'est, en réalité, au profit des cultivateurs. Dans aucune espèce d'industrie, on ne trouve à se procurer aussi aisément, d'une façon aussi commode, à aussi bon marché, tous les capitaux qui sont nécessaires à l'exercice d'une industrie comme l'agriculture; nulle part, on ne trouve un homme disposé à fournir à celui qui veut devenir un entrepreneur les quatre cinquièmes, les huit dixièmes, jusqu'aux neuf dixièmes ou jusqu'à la totalité des capitaux qui lui sont indispensables. Et dans la plupart des cas, le propriétaire fournit ces capitaux dans d'excellentes conditions. Il en retire un intérêt très modeste. Très souvent même il est véritablement l'associé du cultivateur, il partage en nature les produits de la culture, il s'associe à tous les risques, supportant les mauvaises années, exposé, par conséquent, à tous les périls d'une industrie à laquelle il ne coopère qu'indirectément. Je crois donc que le rôle du propriétaire n'est pas, comme on le dit, un rôle de parasite (*Oh! oh!*), c'est un rôle utile et un rôle bienfaisant... (*Un assistant:... un rôle de sangsue!*)

C'est lui, en réalité, qui aide le cultivateur dépourvu de tout, à s'élever au-dessus de sa condition, à cesser d'être un salarié rural pour devenir un modeste entrepreneur de culture. (*Applaudissements.*)

Un assistant (*debout et gesticulant*). — C'est précisément l'inégalité!

Un autre. — Ce n'est vraiment pas la peine d'interrompre!

M. le Président. — Messieurs, je me permettrai de faire une remarque à l'honorable citoyen à barbe blanche et à chapeau gris qui est en face de moi. (*Rires et bruit.*) J'ai un grand respect, un naturel respect pour les barbes grises; j'ai des raisons pour n'en pas dire de mal, mais il y a des choses que l'on peut passer aux jeunes gens et qu'il est plus difficile de passer aux barbes grises. (*Applaudissements.*)

La Barbe grise. — Je vous donnerai mon nom quand vous voudrez, monsieur Leroy-Beaulieu! (*A la porte! à la porte! — Chant de la « Carmagnole ». — Conspuez la sociale! — Bruit. — Un assistant : Assez, les fils à Papa! — Un autre : Sont-ils donc spirituels, ces jeunes gens!*)

M. Zolla. — Qu'il s'agisse en réalité de métairie ou de ferme, les propriétaires remplissent toujours ce rôle dont je vous ai parlé. Ils veillent à ce que l'on peut appeler le maintien de la fertilité du sol. Ils ont un rôle important au point de vue de l'avenir. Ils empêchent justement que l'on ne sacrifie les intérêts de l'avenir à ceux du présent et, à ce point de vue-là, le rôle du propriétaire dans la France entière est un rôle bienfaisant. (*Applaudissements. — Un assistant proteste en imitant le cri du veau.*)

M. LE PRÉSIDENT. — Messieurs les socialistes, notre Comité a pris un nom que vous aimez à railler, mais, entre autres choses que nous désirons défendre dans la société française, il y a la politesse, il y a l'urbanité, il y a le savoir-vivre. (*Applaudissements.*) Je comprends, quant à moi, que de jeunes esprits et même de vieilles intelligences demeurées naïves rêvent de transformer la société, mais je ne comprends pas qu'ils se plaisent à vouloir détruire ce savoir-vivre qui a fait, pendant des siècles, l'honneur de la France ! (*Applaudissements. — Sifflets. — Un assistant : Ce ne sont pas des Français ! — Un autre : Ils touchent quarante sous !*)

M. ZOLLA. — N'auraient-ils que ce rôle à remplir, les propriétaires seraient encore utiles et, par conséquent, je crois qu'on ferait mieux de signaler précisément ce rôle que je viens de vous indiquer là que de leur jeter, comme une injure à la face, cette épithète de parasites, cette épithète de propriétaires rapaces que, très souvent, on emploie. (*Applaudissements mêlés de murmures.*)

Au seul point de vue du contrôle et de la surveillance, la société collectiviste serait obligée de donner à des inspecteurs insouciants ou malhonnêtes une somme supérieure à celle que prélèvent les propriétaires sur le produit des cultures à titre d'intérêts des capitaux d'exploitation mis à la disposition des agriculteurs. (*Très bien ! très bien !*)

Vous remarquerez, Messieurs, que je parle, en ce

moment, des propriétaires qui ne cultivent pas eux-mêmes. Ce sont eux, en effet, qui ont été plus particulièrement attaqués et dont le prétendu privilège a déchaîné le plus de colères. Quand on étudie la réalité sans passion, on s'aperçoit cependant qu'ils ne représentent qu'une minorité dans la classe des possesseurs du sol. Il ne s'agit pas seulement d'une minorité en nombre, mais encore d'une minorité par rapport aux *surfaces cultivées*. L'étendue occupée en France par les terres labourables, les prés, les vignes, les herbages, les vergers et les cultures arborescentes, n'atteint pas 33 millions d'hectares, et les propriétaires des biens donnés en location ne possèdent que 13 millions d'hectares, tandis que les propriétaires-cultivateurs font valoir 19 millions d'hectares ! (*Un assistant : Et Rothschild !*)

M. LE PRÉSIDENT. — Mais, franchement ! Messieurs, on ne peut pas vous parler de tout à la fois.

Les résultats de la nationalisation du sol.

M. ZOLLA. — En admettant qu'on voulût respecter le domaine des propriétaires-cultivateurs, la nationalisation du sol ne pourrait s'appliquer qu'aux 13 millions d'hectares possédés par ceux qui ne cultivent pas directement leurs terres. Or quel peut être le revenu de cette surface ? Compté à raison de 60 francs l'hectare pour tenir compte des capitaux d'exploitation qui se trouvent joints à chaque domaine, la valeur locative annuelle de ces 13 millions d'hectares ne représenterait guère plus de 780 millions de francs. Répartis entre les 4 millions de familles dont se compose la population agricole, le produit de cette confiscation ne donnerait que 195 fr. par famille ; distribué entre les 10 millions de ménages qui constituent la famille française, il ne vaudrait plus pour chacun d'eux qu'un peu moins de 80 francs. Voilà à quel résultat misérable aboutirait la nationalisation des terres appartenant aux propriétaires non-cultivateurs. (*Applaudissements.*)

Et savez-vous quel serait le produit d'une confiscation générale dépouillant tous les propriétaires de France? Il est facile de le calculer. En réalité, lorsque l'on retranche du territoire de la France les propriétés de l'État et des communes et tous les biens déjà appropriés collectivement, soit 5 millions d'hectares, il n'en reste plus que 44 à partager.

Le revenu net moyen ne s'élève pas à plus de 40 francs, parce que sur ce total de 44 millions d'hectares, on en compte 12 qui ne sont que des herbages improductifs, des landes ou des broussailles. Le revenu net annuel de tous les propriétaires ruraux ne dépasse donc pas 17 à 1,800 millions.

La part attribuée à chaque famille agricole sur ce produit serait de 4 à 500 francs. Ce n'est pas là un surcroît de ressources, un don de joyeux avènement du régime collectiviste. Pour distribuer cette somme si minime, il aura fallu dépouiller les deux millions de familles qui vivent en France du produit des terres qu'elles possèdent et qu'elles cultivent; il aura fallu dépouiller, en outre, les 1,400,000 paysans qui ont en même temps des petits propriétaires et des fermiers ou des métayers.

Si enfin, après avoir confisqué les terres de ces modestes travailleurs, on veut répartir entre tous les Français la proie qu'on vient de saisir, il ne sera pas possible de donner à chaque famille plus de 170 à 180 fr.! La moins justifiable, et j'ajouterai la moins démocratique des révolutions égalitaires, n'aura dépouillé 3 millions 400,000 paysans et 1 million de propriétaires bourgeois que pour aboutir à ce résultat misérable, tant il est vrai que nous sommes impuissants à enrichir tout le monde en arrachant la terre à ceux qui la possèdent! (*Très bien! très bien!*)

Et remarquez encore que ce résultat serait bien supérieur à la réalité et qu'il correspondrait à des inégalités redoutables, à des inégalités éminemment critiquables, car entre quelles personnes répartirait-on ce revenu ? de quelle façon ? (*Un assistant : Et la Compagnie des Pétroles !*)

M. LE PRÉSIDENT. — Est-ce que vous croyez que le pétrole est un produit agricole! (*Rires.*) Vous êtes par trop étranger aux sujets que l'on traite ici!

M. ZOLLA. — Cette répartition des terres qui seraient enlevées aux propriétaires se ferait-elle par région ? Il y aurait, forcément, dans cette distribution qui serait faite des terres ou des revenus des propriétaires dépouillés, des inégalités choquantes : dans certaines régions on aurait une grosse somme à répartir, dans d'autres une très faible, et à qui attribuerait-on les dépouilles les plus considérables, si ce n'est précisément à ceux qui vivent dans les régions déjà plus favorisées par la fécondité du sol et par l'abondance de la production ? En admettant même que l'on voulût répartir primitivement d'une façon égale ces dépouilles qui sont ainsi enlevées, le lendemain une inégalité nouvelle se produirait, le lendemain il y aurait des hommes qui seraient travailleurs et heureux, le lendemain il y en aurait qui ne seraient pas laborieux et qui se prétendraient malheureux. Cette égalité une minute accomplie, une minute réalisée, cesserait d'exister le lendemain, et les inégalités sociales que l'on accuse la propriété d'avoir fait naître seraient encore, par conséquent, tout aussi vivaces et l'objet d'attaques aussi vives qu'elles le sont aujourd'hui. (*Applaudissements. — Sifflets.*)

L'augmentation de la valeur du sol.

On a cherché, Messieurs, à prouver que la propriété privée n'était pas légitime, parce qu'elle entraînait des conséquences qui semblaient injustes. On a parlé d'une loi fatale d'après laquelle le sol prendrait une valeur croissante et le propriétaire possédant ce sol serait là prêt à recueillir ce bénéfice pour lequel il n'aurait rien fait... (*Un assistant : Certainement !*) On a prétendu et soutenu avec la plus grande vivacité que cette loi de la plus-value du sol était une loi générale, et un socialiste américain, dont le nom vous est sans doute familier, Henry Georges... (*Un assistant : Ils ne le connaissent pas !*) ... a dit qu'à mesure que la civilisation augmentait, ce qui caractérisait cette civilisation barbare et égoïste, c'est que la part du propriétaire devenait de plus en plus grande et que la part du pauvre devenait de plus en plus petite. Eh bien ! Messieurs, c'est là une erreur, et il suffit de constater les faits, de les étudier, de les observer pour voir que c'est là une erreur et une erreur grave, j'ai la hardiesse de vous le dire et j'ai le courage de l'affirmer. (*Applaudissements.*)

En réalité, il y a plusieurs causes qui expliquent cette augmentation de la valeur du sol, et je ne cherche pas le moins du monde à la nier; elle existe, cela est vrai et il est naturel qu'elle existe.

J'ai eu souvent l'occasion de parcourir la France et j'ai eu l'honneur d'être chargé, dans bien des départements français, de distribuer quelques modestes récompenses à des cultivateurs laborieux. Partout où je suis allé, j'ai constaté que précisément le travail de ce petit ou de ce grand propriétaire consistait à ajouter à son sol, par des améliorations nombreuses, une plus-value quelconque. Partout j'ai vu le petit champ du paysan assaini, fertilisé, nivelé, la prairie voisine irriguée ; j'ai vu sur le coteau voisin la vigne plantée à force de travail et de soin ; j'ai vu la chaumière reconstruite ou agrandie ; j'ai vu le petit enclos pourvu d'une barrière ; j'ai vu, j'ai constaté qu'il y avait là des améliorations nombreuses ; je ne l'ai pas seulement constaté pour les petits, je l'ai encore constaté pour les grands. Eh bien, il serait vraiment étrange qu'au moment où, dans la France entière, ce grand travail se continue ou se prépare, au moment où chaque propriétaire a précisément pour but de donner de la plus-value à son sol et de rendre cette plus-value légitime parce que ce sol devient plus fécond, il serait étrange qu'au moment où tous les propriétaires français poursuivent ce même but, nous nous étonnions, le jour où il a été atteint, le jour où, après avoir tant travaillé, après avoir fait des sacrifices si nombreux, ces propriétaires constatent qu'en effet leurs champs valent plus *parce qu'ils produisent davantage !* (*Très bien ! très bien !*)

Lorsqu'une enquête vient nous révéler l'augmentation de cette valeur du sol, de quel droit nous en étonnerions-nous ? C'est le but que l'on a poursuivi ; il est atteint ! Nous en sommes heureux, parce que ce n'est pas seulement la fortune du propriétaire qui augmente ; c'est la fécondité du sol qui s'accroît, c'est la production qui se développe, c'est la richesse de notre pays qui a grandi ! (*Double salve d'applaudissements.*)

Je vous rappelais, Messieurs, tout à l'heure, la parole d'Henry Georges qui disait : « A mesure que la civilisation se développe, la part du propriétaire grandit. » On a prétendu comme lui que les propriétaires cherchaient à accaparer une partie des revenus de leurs concitoyens. On a soutenu que, plus la civilisation augmentait, plus on voyait s'accroître non seulement la part absolue, mais encore la part relative du propriétaire. On a soutenu, par conséquent, que tout le travail de cette civilisation ne devait évidemment servir qu'à accroître la richesse de quelques-uns et ne pouvait être que stérile pour l'augmentation du bien-être des autres, et je vous ai dit que je ne croyais pas que ce fût vrai. Je me propose précisément de vous le démontrer.

J'ai étudié attentivement un grand nombre de comptabilités agricoles en France, et j'ai fait des comparaisons non moins nombreuses entre la situation agricole de 1830 à 1840 et la situation de ces mêmes exploitations de nos jours; voici la conclusion de mes recherches : la part du propriétaire a grandi d'une façon absolue, et cette hausse est justifiée, comme je viens de vous le dire, par ces améliorations foncières dont la valeur dépasse de beaucoup, souvent, la plus-value qui a été acquise; mais, d'une façon générale, la part du propriétaire décroît (*Ah! ah!*), elle décroît d'une façon relative, tandis qu'elle augmente d'une façon absolue, de telle sorte qu'à mesure que la richesse de la culture se développe, la part relative du propriétaire diminue. Si, primitivement, il y a cinquante ans, ce propriétaire touchait la moitié du produit brut de la culture, il n'en touche plus aujourd'hui que le tiers, il n'en touche même plus que le quart. Dans l'Oise, dans Seine-et-Oise, dans Seine-et-Marne, si, il y a cinquante ans exactement, la part du propriétaire représentait la moitié du produit brut, elle n'en représente plus aujourd'hui que le quart, c'est-à-dire 25 %... (*Un assistant : C'est l'exception!*)... Ce n'est pas là, comme vous le dites, une exception, mais une règle, et je puis la confirmer par une observation générale. Nous savons quel est le produit brut de l'agriculture vers 1789; nous savons ce que valaient toutes les récoltes de l'agriculture, toutes ses productions; nous savons également à peu près quel était le revenu des propriétaires. A cette époque, le revenu des propriétaires, comparé au produit total de l'agriculture, représentait environ 45 % de ce dernier, et, aujourd'hui, la production a augmenté dans une telle mesure que la part attribuée aux propriétaires du sol ne représente plus que 24 %. Si donc il y a une augmentation absolue de la richesse des propriétaires, il s'est produit une diminution relative de la part qui leur est attribuée sur le montant de la production agricole. Bien loin de devenir, par conséquent, des parasites, ils laissent le champ plus large à ceux qui ont à se distribuer cette part qui leur est laissée ; il y a une part plus grande pour les profits de l'entrepreneur de culture, qui est, lui aussi, un travailleur ; il y a une part plus grande pour la main d'œuvre rurale et, par conséquent, cette loi que je viens de vous indiquer là, est, au point de vue social, une loi bienfaisante. (*Applaudissements.*)

Il y a également un fait, Messieurs, sur lequel j'appelle votre attention. Quand on fait allusion à l'augmentation de la valeur du sol, on parle de moyenne, on parle de choses qui, en réalité, ne sont ni concrètes, ni visibles ; ce ne sont pas des exemples qu'on cite, c'est une moyenne en général ; mais ce qui prouve qu'en réalité le privilège et le monopole du propriétaire ne sont pas la cause de la plus-value du sol, c'est que, de 1850 à 1880, par exemple dans une partie de la France, cette plus-value n'a pas été constatée, le prix du sol a même baissé, tandis que, ailleurs, il a augmenté. Nous observons une baisse dans une partie de nos départements de l'Est, dans une partie de nos départements du Sud ou du Sud-Est ; nous constatons une hausse très remarquable dans certains départements de l'Ouest. Il est bien visible que le monopole et le privilège des propriétaires a été le même dans tous les points de France et que ce n'est point au monopole et au privilège qu'on peut attribuer la

plus-value du sol : s'il en était autrement, on la cons-
taterait partout. On ne verrait pas les domaines agricoles diminuer de valeur dans la Haute-Marne,
tandis qu'ils augmentent de 70 % dans la Vendée,
et de 100 % dans le Nivernais. Eh bien ! Messieurs,
ce qui explique la hausse des loyers agricoles sert
en même temps à la justifier. Si la terre s'est vendue
plus cher dans l'Ouest de la France, par exemple,
c'est qu'on l'a rendue plus productive ; c'est qu'on l'a
mieux cultivée. L'augmentation de la productivité du
sol n'a pas profité seulement aux propriétaires ; elle
a contribué au développement de la richesse générale.
C'est la fortune de la France qui a grandi ! (*Très bien !
très bien !*)

Dans les champs on voit immédiatement les conséquences de nos actes, les résultats matériels de notre
activité ou de notre paresse. On s'est demandé, par-
fois, s'il convenait de donner aux hommes selon
leurs besoins ou selon leurs efforts. La terre a
depuis longtemps résolu ce problème social. Elle ne
donne qu'à ceux qui savent la travailler d'une main
vigoureuse et habile. (*Applaudissements prolongés.*)
Elle a déclaré, cette terre de France dont je vous
parlais, qu'en réalité on devait donner aux hommes
selon leurs efforts et non pas selon leurs besoins.
(*Très bien ! très bien !*)

En réalité, cette augmentation de la valeur du sol
s'explique donc d'une façon très naturelle ; il n'est
besoin de parler ni de monopole ni de privilège pour
montrer qu'elle est légitime et qu'elle s'explique,
dans la plupart des cas, par des raisons très simples.

Les modes d'exploitation du sol,

Au début même de cette conférence, je vous ai dit
qu'on distinguait trois modes de culture : le mé-

tayage, le fermage, et le faire-valoir direct, c'est-à-dire la culture par le propriétaire lui-même.

Les deux premières formes de l'association des capitalistes fonciers et des entrepreneurs de culture ont de grands avantages. Je vous ai montré ceux du métayage.

Dans nos régions encore pauvres, ce mode d'exploitation rend les plus grands services. Il facilite la culture du sol en permettant aux plus modestes laboureurs de devenir des entrepreneurs de culture directement et personnellement intéressés au développement de la production. Les propriétaires qui comprennent leurs intérêts et leurs devoirs ne restent pas les spectateurs insouciants et inactifs du travail de leurs métayers. Ils les guident, les encouragent et les soutiennent aux heures de détresse.

Nulle barrière trop haute ne sépare le métayer du salarié agricole qui sera demain à son tour un entrepreneur de culture s'il fait preuve des qualités dont le succès dépend. Il n'existe peut-être pas d'industrie qui permette ainsi plus facilement à l'homme dépourvu de capitaux de conquérir son indépendance et d'élever sa condition.

Entre le système du métayage et le fermage tel qu'il est pratiqué dans les environs de Paris et dans nos régions de grande culture, il existe des modes intermédiaires. Partout où cela est indispensable à la culture du sol, la dimension des exploitations et les capitaux d'exploitation prêtés par le propriétaire se proportionnent aux ressources des cultivateurs. Là encore, le possesseur du sol joue un rôle important, il veille notamment au maintien ou au développement de la fertilité du sol et de sa valeur. Ce n'est pas une tâche inutile et un labeur stérile. C'est l'intérêt de l'avenir qu'il défend contre les exigences ou les convoitises de ceux qui ne songent qu'au présent.

Voilà le rôle social des propriétaires de biens

affermés. Si demain notre sol français était aban-
donné aux premiers venus qui lui demanderaient sans
mesure des récoltes nouvelles, il ne tarderait pas à
être stérile.

Le fermage comme le métayage est donc utile aux
intérêts généraux. (*Applaudissements.*)

Les propriétaires-cultivateurs.

J'ai à vous parler, enfin, de ceux qu'on appelle les
propriétaires-cultivateurs. Il paraît qu'ils n'existent
plus. J'ai entendu dire que tout ce qu'on nous avait
conté à propos d'eux n'était qu'une légende: Dieu
merci, cette légende est encore de l'histoire contem-
poraine. Si nous ne trouvons plus le nom des pro
priétaires-cultivateurs dans la mémoire des collectivistes, il suffit de parcourir nos campagnes pour en
découvrir quelques millions. Ils vivent, ils possèdent,
et ils travaillent même à augmenter leur fortune,
ce dont je les loue fort. On en compte 2 millions
150 mille qui cultivent exclusivement leurs biens; il
en existe d'autre part 1 million 374,000 qui sont en
même temps fermiers ou métayers. Quant à la surface cultivée directement par les propriétaires, elle
est de 19 millions d'hectares! (*Un assistant: C'est
faux!*) Je crois que c'est là une surface qui n'est pas à
dédaigner.

LA BARBE GRISE. — Et ceux qui n'ont rien, ton-
nerre de Dieu! (*Rires et tapage. — A la tribune! —
A Charenton! — A la Source! — Au Dépôt!*)

M. ZOLLA. — Il existe, comme je vous le disais, en
réalité plus de trois millions de ces êtres imaginaires.
(*Un assistant: Vive Rothschild! — Un autre: Vive la
canaille!*)

M. LE PRÉSIDENT. — Messieurs, vous êtes vraiment
pleins d'esprit! (*Rires.*)

M. Zolla. — Vous avouerez, Messieurs... (*Chant de la « Marseillaise » et de « l'Hymne Russe ». — Un assistant : A bas le tzar ! — Un autre : A la porte, le pochard ! Il est saoûl ! — Plusieurs voix en chœur : « C'est le sort le plus beau, le plus digne d'envie. » — Rires.*)... vous avouerez que, pour des êtres imaginaires, ces hommes qui sont au nombre de trois millions et qui possèdent dix-neuf millions d'hectares, tiennent un peu de place de par le monde... (*Applaudissements. — Bruit prolongé.*)

M. le Président. — C'est très gai.

M. Zolla. — On a discuté également la réalité de l'existence de la petite propriété. Je crois que cette légende de la petite propriété ressemble fort à la légende des propriétaires cultivateurs. Nous venons de voir qu'il y avait des propriétaires-cultivateurs, mais il existe aussi des petits propriétaires. Ils sont même extrêmement nombreux, et dix-sept millions d'hectares, en France, sont entre les mains de ces petits propriétaires dont chacun possède un domaine inférieur à dix hectares d'étendue. Si, en réalité, Messieurs, vous faites l'addition de tous ces êtres qui soi-disant n'existent pas, vous trouvez que l'on peut compter trois millions de personnes en France (*Vive Napoléon !*) qui possèdent des terres et qui les cultivent. En France, il existe également 1,300,000 propriétaires qui possèdent des terres, mais qui ne les cultivent pas. En définitive, dans notre pays, on trouve 4 millions ou 4,500,000 personnes qui détiennent la terre. La moitié de la population française porte ce titre de propriétaire que l'on semble si fort envier. Il ne s'agit pas d'une minorité, il ne s'agit pas d'un groupe, il ne s'agit pas d'une classe, il s'agit, en réalité, de l'immense majorité de la nation française. (*Applaudissements prolongés.*)

Quels sont maintenant ceux qui restent tenus à l'écart et constituent, sans doute, le groupe des prolétaires? En voici le relevé avec les noms qu'ils portent :

Cultivateurs non propriétaires.

	Nombre
Fermiers,	468.184
Métayers	194.448
Régisseurs	17.966
Journaliers	753.313
Domestiques	1.954.251
Total	3.388.162

Les fermiers et les métayers sont-ils vraiment des prolétaires ? Il est permis d'en douter. Les fermiers, notamment, sont la plupart du temps beaucoup plus fortunés que les modestes propriétaires dont l'héritage rural constitue la principale richesse.

Que reste-t-il donc pour ces déshérités dont on parle si souvent, sans les connaître ? Il reste quelque chose comme 2,700,000 personnes dont j'ai maintenant à vous parler. Mais ces 2,700,000 personnes tiennent, par des liens fort naturels, à ceux qui ne sont pas des prolétaires, car bien souvent il arrive que le fils d'un fermier et la fille d'un métayer sont des domestiques ou des salariés ; ils sont appelés, un jour ou l'autre, à recueillir l'héritage paternel. Ils seront donc eux-mêmes fermiers ou propriétaires, et il y a très peu de gens, en France, qui ne soient pas exposés à devenir ainsi des propriétaires. Ce n'est pas que ce danger les effraie beaucoup. (*Rires.*) Mais il est bien certain qu'on ne l'a pas suffisamment mis en lumière. Et où trouve-t-on, Messieurs, surtout, de ces salariés, de ces domestiques dont je vous parlais ? On en trouve principalement dans les pays de grande culture, où l'on en a besoin, dans ces pays où, le plus souvent, les salaires sont très élevés, parce que le besoin de la main-d'œuvre se fait vivement sentir, et si je pouvais faire passer sous vos yeux les salaires agricoles d'un domestique, d'un charretier, d'un bouvier, d'un berger, vous verriez, Messieurs, qu'ils valent bien souvent les appointements d'un surnuméraire de nos administrations centrales. (*Applaudissements.*)

Vous trouveriez que ces hommes, qui gagnent de très gros salaires, quand ils sont logés et quelquefois nourris, ne sont pas positivement des prolétaires; vous trouveriez aussi, très vraisemblablement, qu'ils ont le moyen de faire des économies, et ils en font de très importantes. Ils n'ont pas la prétention, dans une ferme de 150 ou 200 hectares, de remplacer un jour le patron qui les emploie. Leur ambition ne va pas si loin. Elle passerait réellement leur mérite. Ils n'ont pas les qualités qui sont indispensables pour devenir un grand entrepreneur de culture. Ils s'en rendent compte. Ils se contentent de faire ces économies dont je vous parlais tout à l'heure et, dans le canton voisin, dans la commune voisine, là où il y a des terres à acheter, des petites fermes à louer, ils deviennent peu à peu des cultivateurs-propriétaires, des petits entrepreneurs de culture. Ils forment, en quelque sorte, un groupe nouveau; ils s'élèvent au-dessus de leur condition première, et c'est là, dans cette couche profonde, que se recrutent les nouveaux propriétaires et les petits cultivateurs. (*Applaudissements. — Bruit.*)

Je n'ai qu'un mot à ajouter, Messieurs. En réalité, les propriétaires français sont très nombreux, et non seulement ils sont nombreux, mais ils deviennent, chaque jour, de jour en jour plus nombreux. Au contraire, ceux qui ne possèdent pas le sol sont toujours de moins en moins nombreux; tous les renseignements que nous avons concordent à cet égard, et nous montrent la population des ouvriers et des domestiques décroissant, le nombre des fermiers diminuant, le nombre des propriétaires-cultivateurs augmentant rapidement.

On peut regretter qu'il n'y ait pas, dans la France entière, encore plus de propriétaires, encore plus de petits entrepreneurs de culture ; d'ici peu, on n'aura plus à exprimer ce regret. Très vraisemblablement, la culture aura encore changé de physionomie ; les entrepreneurs de culture et les propriétaires seront plus nombreux qu'ils ne le sont aujourd'hui.

Conclusion.

Je vous ai prouvé, Messieurs, qu'en réalité, la plupart des reproches que l'on adresse à l'organisation sociale, au point de vue des intérêts agricoles, ne sont pas mérités. Je vous ai parlé du rôle du propriétaire ; je vous ai montré qu'en réalité il était utile et bienfaisant ; je vous ai parlé des modes d'exploitation ; je vous ai signalé leurs avantages ; je vous ai montré qu'il existait des propriétaires-cultivateurs, de même qu'il existait de petits propriétaires. Comment se fait-il qu'on ne puisse pas encore améliorer davantage le sort de ceux qui possèdent peu ? C'est qu'en réalité on ne produit pas assez ; c'est la masse à partager qui est trop petite, ce n'est pas seulement la répartition qui est mauvaise, et alors il faut faire tous ses efforts pour accroître cette masse partageable ; il faut surtout éviter que, par des agitations stériles, par la haine semée partout, par l'envie opposée à tous les efforts, on ne vienne stériliser ce travail de production. On a besoin, sur tous les points de la France, de s'entendre, de s'unir, pour produire davantage et pour produire mieux. Le propriétaire, à ce point de vue, est un collaborateur utile, et cette collaboration féconde, nous la voyons, nous la saisissons partout où il nous plaît de la constater. (*Applaud.*)

Messieurs, ceci est un enseignement qui ressort de ce que je vous ai dit. Ce qui importe surtout, c'est de dissiper l'illusion de ceux qui croient pouvoir donner aux hommes la richesse, l'indépendance et le loisir au moyen d'une nouvelle organisation sociale. Nul rêve n'est plus dangereux, nulle pensée n'est plus fausse. Que de fois, pourtant, on nous a parlé de ce rêve, et combien d'hommes sincères ont été trompés par cette pensée ! — Après avoir triomphé, dit-on, de ceux qui l'oppriment, l'homme serait riche et heureux. Il n'y aurait plus ni pauvres ni riches parce que les fruits seraient à tous et que la terre ne serait à personne ! — Eh bien ! non, cela n'est pas. C'est au travail qu'il faut demander la richesse ; une réforme sociale ne peut la donner à tous. (*Très bien ! très bien !*)

Produire davantage, produire mieux, apprendre à connaître les lois de la nature pour les faire servir à la satisfaction de nos besoins, voilà le problème à résoudre, voilà quelle est la véritable solution de la question sociale. Je crois l'avoir prouvé en montrant que la fortune territoriale de la France divisée entre toutes les familles ne suffirait pas à leur assurer le nécessaire.

J'ai dit, en outre, que le travail humain était indispensable pour conserver même sa valeur à la maigre proie que chacun aurait en partage.

Dire à la foule qu'il lui suffirait de secouer ses chaînes pour que tous eussent en abondance les choses nécessaires à leurs besoins, c'est la pousser à prendre ce qu'une poignée de privilégiés égoïstes semble lui refuser. Avant que l'illusion funeste dont on l'a bercée ait été dissipée, que de violences et de fautes n'aura pas commises cette foule qui se sera levée tout entière en invoquant ses droits méconnus ? Et quelle sera la victime de tous ces bouleversements, si ce n'est la dupe éternelle de ceux qui le flattent et qui l'abusent, le peuple lui-même ? (*Triple salve d'applaudissements.*)

Paris. — Imprimerie F. Levé, rue Cassette, 17.

PUBLICATIONS RÉCENTES

L'Action sociale par l'initiative privée, avec des documents pour servir à l'organisation d'institutions populaires et des plans d'habitations ouvrières, par EUGÈNE ROSTAND; Paris, Guillaumin, 1898, t. II, gr. in-8°, XVIII-970 p.

L'Alcoolisme et ses remèdes, par MAURICE VANLAER ; Paris, A. Colin, 1898, in-18, VIII-168 p.

La Société provençale à la fin du moyen âge, par CH. DE RIBBE; Paris, Perrin, 1898, in-8°, XII-572 p. (ouvrage couronné par l'Académie française, 2° Prix Gobert, 1898).

Les Ouvriers des deux Mondes : Monographie du Piqueur sociétaire de la Mine aux mineurs, par M. P. DU MAROUSSEM; Paris, Société d'Économie sociale, 1898, br. in-8°, 72 p.; prix : 2 fr.

Les revendications ouvrières en France, par A. BÉCHAUX, professeur à la Faculté libre de Lille; 2° édit., 1 vol. in-18; prix : 4 fr.

Etudes sur les populations rurales de l'Allemagne et la crise agraire, par GEORGES BLONDEL, professeur agrégé de l'Université, Paris, Larose, 1897; 1 fort vol. in-8°, XII-522 p., avec cartes et plans.

Le Devoir des chrétiens français en face de l'alcoolisme, par le pasteur BIANQUIS, 3° édit., br. in-18; prix : 0 fr. 10.

Pourquoi la criminalité monte en France et baisse en Angleterre, par EUGÈNE ROSTAND, br. in-18; prix : 0 fr. 10.

Les Unions de la paix sociale et les écoles socialistes, réponse à M. Rouanet, député, par A. DELAIRE, br. in-18; prix : 0 fr. 10.

La Participation aux bénéfices, par MAURICE VANLAER; Paris, A. Rousseau, 1898, in-8°, VIII-310 p.

LA RÉFORME SOCIALE

REVUE BI-MENSUELLE

Fondée par F. LE PLAY, en 1881.

La Réforme sociale étudie les problèmes économiques et sociaux qui tiennent aujourd'hui le premier rang dans les préoccupations de l'opinion publique. Elle en demande la solution à l'observation des faits et à la pratique des lois morales, selon la méthode de F. Le Play, en dehors de tout esprit de parti et de toute théorie préconçue. Elle préconise tout un ensemble de réformes dont le cours des événements démontre de plus en plus l'urgente nécessité, et auxquelles se rallient chaque jour les esprits les plus éminents. Grâce à la sympathie grandissante que lui a témoignée le public éclairé, elle a pu, en commençant sa troisième série, prendre des développements considérables.

La Réforme sociale paraît le 1er et le 16 de chaque mois par fascicule in-8° de 80 pages, et forme par an deux forts volumes de 900 à 1,000 pages chacun, complétés par des tables analytiques.

Une bibliographie méthodique analyse, au point de vue social, tous les recueils périodiques importants de la France et de l'étranger, ainsi que les publications nouvelles. Par cette innovation, *la Réforme sociale* est devenue le guide le plus utile pour ceux que leur profession ou leurs études obligent à être rapidement et sûrement renseignés sur le mouvement social contemporain.

Conditions d'abonnement. — France, un an, **20** fr. ; six mois, **11** fr. — Union postale : un an, **25** fr.; six mois, **14** fr. — En dehors de l'Union postale, port en plus.

Les membres des Unions de la Paix sociale reçoivent *la Réforme sociale* en retour de leur cotisation annuelle de **15** fr.

Bureaux: Rue de Seine, 54.

BIN TRAVERLER FORM

Cut By: Angherton x4 **Qty** 72 **Date** 08/24

Scanned By: **Qty** **Date**

Scanned Batch ID's

Notes / Exceptions